Titolo

"Guida Pratica per un Orto Sostenibile: Coltivare con basso fabbisogno di Acqua"

Introduzione

- **Motivazione**: Perché è importante coltivare un orto sostenibile.
- **Benefici**: Vantaggi di avere un orto domestico, anche in condizioni di carenza d'acqua.

Capitolo 1: Pianificazione del Tuo Orto

- **Scelta del luogo**: Come scegliere il posto migliore per il tuo orto.
- **Dimensioni e disposizione**: Quanto spazio dedicare e come organizzarlo.
- **Esposizione al sole**: Importanza della luce solare e come massimizzarla.

Capitolo 2: Preparazione del Terreno

- **Analisi del suolo**: Come capire la qualità del tuo terreno.
- **Miglioramento del suolo**: Aggiungere compost e altri miglioratori.
- **Tecniche di pacciamatura**: Uso di materiali naturali per conservare l'umidità.

Capitolo 3: Scelta delle Colture

Piante resistenti alla siccità: Selezione di verdure e erbe che richiedono poca acqua (es. pomodori, peperoni, ceci e legumi, patate, rosmarino, timo ecc.).
Rotazione delle colture: Come evitare l'esaurimento del suolo.

Capitolo 4: Sistemi di Irrigazione a Basso Consumo

- **Irrigazione a goccia**: Installazione e vantaggi.
- **Uso di acque grigie**: Recupero e utilizzo sicuro delle acque domestiche.
- **Raccolta dell'acqua piovana**: Metodi per raccogliere e conservare l'acqua.

Capitolo 5: Tecniche di Coltivazione Sostenibile

- **Coltivazione mista e consociazioni**: Piante che si aiutano a vicenda.
- **Orto verticale**: Massimizzare lo spazio coltivando in verticale.
- **Uso di serre e teli ombreggianti**: Proteggere le piante e conservare l'umidità.

Capitolo 6: Manutenzione dell'Orto

- **Monitoraggio delle piante**: Come capire se le piante hanno bisogno di acqua.
- **Controllo delle infestanti**: Metodi naturali per gestire le erbacce.
- **Gestione dei parassiti**: Soluzioni eco-friendly per proteggere il tuo orto.

Capitolo 7: Raccolta e Conservazione

- **Quando e come raccogliere**: Tempi di raccolta per ogni tipo di pianta.
- **Conservazione delle verdure**: Metodi per prolungare la freschezza dei prodotti.

Appendice

- **Risorse utili**: Libri, siti web e comunità online.
- **Glossario**: Termini tecnici spiegati in modo semplice.
- **Note**: Ulteriori suggerimenti e trucchi.

Conclusione

- **Riflessioni finali**: L'importanza di un approccio sostenibile e l'impatto positivo di un orto domestico.

Introduzione

Motivazione

I cambiamenti climatici stanno influenzando in modo significativo le nostre risorse naturali, rendendo sempre più essenziale trovare soluzioni sostenibili per le nostre attività quotidiane. La coltivazione di un orto domestico non solo ci permette di avere accesso a cibo fresco e sano, ma rappresenta anche un passo concreto verso la sostenibilità e la riduzione dell'impatto ambientale.

Perché un Orto Sostenibile?

1. **Riduzione del Consumo di Acqua**: In molte regioni, l'acqua è una risorsa sempre più scarsa. Coltivare un orto con tecniche di risparmio idrico permette di utilizzare l'acqua in modo più efficiente, riducendo gli sprechi.

2. **Risparmio Economico**: Un orto domestico può ridurre significativamente le spese alimentari, fornendo verdure fresche a costo quasi zero. Inoltre, utilizzare tecniche di risparmio idrico e materiali riciclati abbassa ulteriormente i costi di gestione.

3. **Salute e Nutrizione**: Coltivare il proprio cibo garantisce prodotti freschi e privi di pesticidi, contribuendo a una dieta più sana e nutriente.

4. **Riduzione dell'Impronta Ecologica**: Un orto domestico riduce la necessità di trasportare cibo da lontano, diminuendo l'emissione di gas serra associati al trasporto e alla conservazione degli alimenti.

5. **Educazione e Consapevolezza**: Coltivare un orto educa le persone, specialmente i più giovani, sui processi naturali e sull'importanza della sostenibilità. È un'opportunità per imparare e sensibilizzare su tematiche ambientali.

Benefici di un Orto Sostenibile:

Benefici Ambientali

1. **Conservazione dell'Acqua**:

   - Utilizzare tecniche di irrigazione efficienti, come l'irrigazione a goccia e la pacciamatura, aiuta a ridurre il consumo di acqua.
   - Coltivare piante resistenti alla siccità e adattate al clima locale richiede meno irrigazione.

2. **Riduzione dei Rifiuti**:

   - Compostare i rifiuti organici domestici riduce la quantità di rifiuti inviati in discarica e crea un fertilizzante naturale per il tuo orto.
   - Riutilizzare contenitori e materiali riciclati per la coltivazione riduce il bisogno di nuovi materiali.

3. **Miglioramento della Qualità del Suolo**:

   - Le tecniche di coltivazione sostenibile, come la rotazione delle colture e l'uso di compost, migliorano la struttura e la fertilità del suolo, riducendo la necessità di fertilizzanti chimici.

4. **Biodiversità**:

   - Coltivare una varietà di piante favorisce la biodiversità, attirando insetti benefici, uccelli e altri animali selvatici che contribuiscono all'ecosistema locale.

Benefici Economici

1. **Risparmio sui Costi Alimentari**:

    - Coltivare le proprie verdure e erbe aromatiche riduce le spese al supermercato.
    - La produzione domestica di cibo è spesso più economica rispetto all'acquisto di prodotti biologici e di alta qualità.

2. **Risparmio sulle Risorse**:

    - Tecniche di risparmio idrico e l'uso di materiali riciclati riducono i costi associati all'acquisto di acqua e materiali per il giardinaggio.

Benefici per la Salute

1. **Alimentazione Sana**:

    - Coltivare il proprio cibo garantisce prodotti freschi e nutrienti, privi di pesticidi e sostanze chimiche nocive.
    - Le verdure fresche e appena raccolte contengono livelli più alti di vitamine e minerali rispetto a quelle conservate o trasportate a lungo.

2. **Attività Fisica**:

    - Il giardinaggio è un'ottima forma di esercizio fisico che migliora la forza, la flessibilità e la resistenza.
    - Attività come scavare, piantare e annaffiare bruciano calorie e mantengono il corpo attivo.

3. **Benessere Mentale**:

    - Il giardinaggio riduce lo stress e migliora l'umore, promuovendo una sensazione di calma e realizzazione.
    - Prendersi cura delle piante e vedere i risultati del proprio lavoro può aumentare l'autostima e la soddisfazione personale.

Benefici Sociali

1. **Connessione con la Comunità:**

   - Condividere le esperienze di giardinaggio e i prodotti dell'orto con amici, familiari e vicini rafforza i legami sociali.
   - Partecipare a gruppi di giardinaggio comunitario o scambiare semi e piante crea una rete di supporto e collaborazione.

2. **Educazione e Coinvolgimento:**

   - Coltivare un orto è un'opportunità educativa per i bambini e gli adulti, insegnando loro le basi dell'agricoltura e l'importanza della sostenibilità.
   - Coinvolgere i membri della famiglia e della comunità nel giardinaggio promuove la consapevolezza ambientale e l'impegno verso pratiche ecologiche.

Benefici per il Pianeta

1. **Riduzione delle Emissioni di CO_2:**

   - Coltivare il proprio cibo riduce la necessità di trasporti e conservazione, diminuendo le emissioni di anidride carbonica associate alla filiera alimentare.
   - Le piante assorbono CO_2 durante la fotosintesi, contribuendo a mitigare i cambiamenti climatici.

2. **Uso Sostenibile delle Risorse:**

   - Utilizzare risorse locali e sostenibili, come l'acqua piovana e i rifiuti organici, riduce l'impatto ambientale complessivo.
   - La coltivazione biologica e senza pesticidi protegge la fauna selvatica e mantiene l'equilibrio degli ecosistemi

Un Piccolo Contributo per un Grande Cambiamento

Ogni piccolo gesto verso la sostenibilità ha un impatto significativo sul nostro pianeta. Anche un piccolo orto domestico, coltivato con tecniche rispettose dell'ambiente, contribuisce a un futuro più verde e sostenibile. Questa guida ti fornirà gli strumenti e le conoscenze necessarie per iniziare il tuo orto, aiutandoti a fare la differenza, una pianta alla volta.

Capitolo 1: Pianificazione del Tuo Orto

Scelta del luogo: Come scegliere il posto migliore per il tuo orto

La scelta del luogo è fondamentale per il successo del tuo orto. Un'accurata selezione del sito può fare la differenza tra un raccolto abbondante e piante che faticano a crescere. Ecco alcuni aspetti da considerare:

1. **Accessibilità**:

   - Scegli un'area facilmente raggiungibile dalla casa per facilitare la cura quotidiana delle piante.
   - Assicurati che sia vicino a una fonte d'acqua per rendere l'irrigazione più agevole.

2. **Terreno**:

   - Opta per un terreno fertile e ben drenato. Evita aree con acqua stagnante o terreno molto compatto.
   - Se il terreno del tuo giardino non è ideale, considera l'uso di letti rialzati o la coltivazione in contenitori.

3. **Protezione dal vento**:

   - Scegli un luogo protetto da forti venti, che possono danneggiare le piante e asciugare rapidamente il terreno.
   - Se il vento è un problema, pensa a creare barriere naturali con siepi o reti frangivento.

4. **Prossimità a fonti di inquinamento**:

   - Evita aree vicine a strade trafficate o fonti di inquinamento che potrebbero contaminare il tuo orto.

Dimensioni e disposizione: Quanto spazio dedicare e come organizzarlo

La dimensione e la disposizione del tuo orto dipendono dallo spazio disponibile e dalle tue esigenze specifiche. Ecco alcuni suggerimenti per pianificare in modo efficace:

1. **Dimensioni**:

   - Anche un piccolo spazio può essere produttivo se ben organizzato. Valuta le tue necessità e la quantità di tempo che puoi dedicare al giardinaggio.
   - Un orto di 3x3 metri può fornire verdure fresche a una famiglia di quattro persone durante la stagione di crescita.

2. **Disposizione**:

   - **Letti rialzati**: Utilizzare letti rialzati facilita la gestione del terreno e migliora il drenaggio. I letti rialzati sono particolarmente utili se il terreno naturale è di scarsa qualità.
   - **Coltivazione verticale**: Utilizza supporti, tralicci e griglie per coltivare piante rampicanti come pomodori, cetrioli e fagioli, massimizzando lo spazio verticale.
   - **Sentieri**: Prevedi sentieri abbastanza larghi per consentire l'accesso a tutte le aree del tuo orto senza calpestare le piante. Sentieri coperti di pacciamatura o ghiaia aiutano a mantenere il terreno asciutto e libero da erbacce.

3. **Rotazione delle colture**:

   - Pianifica la rotazione delle colture per evitare l'esaurimento dei nutrienti nel terreno e ridurre il rischio di malattie. Suddividi l'orto in sezioni e ruota le colture ogni anno.

Esposizione al sole: Importanza della luce solare e come massimizzarla

La luce solare è cruciale per la fotosintesi, il processo attraverso cui le piante producono energia. La giusta esposizione al sole può determinare la salute e la produttività delle tue piante.

1. **Esposizione ideale**:

    - La maggior parte delle piante da orto necessita di almeno 6-8 ore di luce solare diretta al giorno. Scegli un luogo che riceva luce solare durante la maggior parte della giornata.
    - Se possibile, orienta il tuo orto verso sud per massimizzare l'esposizione solare.

2. **Aree ombreggiate**:

    - Alcune piante, come lattuga, spinaci e altre verdure a foglia, tollerano e talvolta preferiscono l'ombra parziale, soprattutto durante le ore più calde del giorno.
    - Utilizza reti ombreggianti o pianta colture più alte che possano fornire ombra naturale a quelle più sensibili al sole intenso.

3. **Riduzione degli ostacoli**:

    - Elimina o riduci gli ostacoli che potrebbero bloccare la luce solare, come alberi, cespugli o strutture alte.
    - Se non è possibile rimuovere gli ostacoli, posiziona il tuo orto in un'area dove questi non influenzino significativamente l'esposizione solare.

4. **Riflettori naturali**:

    - Utilizza superfici riflettenti come muri bianchi o specchi per incrementare la quantità di luce disponibile per le piante, specialmente in aree parzialmente ombreggiate.

Capitolo 2: Preparazione del Terreno

Analisi del suolo: Come capire la qualità del tuo terreno

Prima di iniziare a coltivare, è essenziale conoscere la qualità del tuo terreno. Un'analisi del suolo ti aiuterà a capire la composizione del terreno, i livelli di nutrienti e il pH, permettendoti di apportare le giuste modifiche per favorire la crescita delle piante.

1. **Campionamento del Suolo**:

    - Preleva campioni di terreno da diverse parti dell'orto, raccogliendo una quantità di terreno di circa 15-20 cm di profondità.
    - Mescola i campioni in un secchio pulito per ottenere una media rappresentativa del tuo terreno.

2. **Test del Suolo**:

    - Utilizza kit di analisi del suolo disponibili in commercio per misurare i livelli di nutrienti principali (azoto, fosforo, potassio) e il pH del terreno.
    - In alternativa, invia i campioni a un laboratorio specializzato per un'analisi più dettagliata.

3. **Interpretazione dei Risultati**:

    - **pH del Suolo**: La maggior parte delle piante da orto preferisce un pH tra 6 e 7. Un pH troppo acido o troppo alcalino può limitare l'assorbimento dei nutrienti.
    - **Nutrienti**: Gli elementi chiave come azoto, fosforo e potassio devono essere presenti in quantità adeguate. Carenze o eccessi di questi nutrienti possono influenzare negativamente la crescita delle piante.

4. **Consistenza del Suolo**:

- Valuta la struttura del terreno (sabbioso, argilloso, limoso). Ogni tipo di terreno ha caratteristiche diverse che influenzano il drenaggio e la ritenzione idrica.

Miglioramento del suolo: Aggiungere compost e altriglioratori

Un terreno sano e fertile è essenziale per un orto produttivo. Migliorare il terreno con ammendanti organici e altre pratiche può fare una grande differenza.

1. **Compostaggio**:

- **Cos'è il Compost**: Il compost è un materiale organico decomposto che arricchisce il terreno di nutrienti e migliora la struttura del suolo.
- **Come Fare il Compost**: Raccogli materiali organici come scarti di cucina (frutta, verdura), foglie secche, erba tagliata e letame. Mescola questi materiali in una compostiera e gira regolarmente per aerare e accelerare la decomposizione.

2. **Altri Ammendanti**:

- **Letame**: Aggiungi letame ben compostato per aumentare la materia organica e i nutrienti del terreno.
- **Torba**: Utilizzata per migliorare la ritenzione idrica e l'aerazione nei terreni sabbiosi.
- **Vermicompost**: Compost prodotto dai lombrichi, ricco di nutrienti e microrganismi benefici.

3. **Tecniche di Miglioramento del Suolo**:

- **Rotazione delle Colture**: Alternare le colture per prevenire l'esaurimento dei nutrienti e ridurre le malattie del suolo.

- **Sovesci**: Coltivare piante specifiche (come trifoglio o senape) che vengono poi incorporate nel terreno per migliorare la fertilità e la struttura del suolo.

Tecniche di pacciamatura: Uso di materiali naturali per conservare l'umidità

La pacciamatura è una tecnica che aiuta a mantenere il terreno umido, ridurre le erbacce e migliorare la qualità del suolo. Utilizzare materiali naturali per pacciamare è un modo ecologico ed efficace per conservare l'acqua.

1. **Benefici della Pacciamatura**:

   - **Conservazione dell'Umidità**: La pacciamatura riduce l'evaporazione dell'acqua dal suolo, mantenendo le radici delle piante fresche e umide.
   - **Controllo delle Erbacce**: Uno strato di pacciame sopprime la crescita delle erbacce, riducendo la competizione per i nutrienti e l'acqua.
   - **Protezione del Suolo**: La pacciamatura protegge il suolo dall'erosione e dalle variazioni estreme di temperatura.

2. **Tipi di Pacciamatura Naturale**:

   - **Paglia**: Leggera e facile da applicare, la paglia è eccellente per mantenere l'umidità e controllare le erbacce.
   - **Foglie Secche**: Ricicla le foglie cadute per creare un pacciame ricco di nutrienti.
   - **Erba Tagliata**: Utilizza erba tagliata asciutta come pacciame per fornire azoto al terreno mentre si decompone.
   - **Corteccia e Trucioli di Legno**: Ottimi per giardini decorativi e intorno a piante perenni, forniscono una copertura duratura.

3. **Come Applicare la Pacciamatura**:

   - **Preparazione**: Rimuovi le erbacce esistenti e annaffia il terreno prima di applicare il pacciame.

- **Spessore**: Applica uno strato di pacciame di circa 5-10 cm per ottenere i migliori risultati. Evita di accumulare pacciame direttamente contro i gambi delle piante per prevenire la marciume.
- **Manutenzione**: Controlla periodicamente lo strato di pacciame e aggiungi altro materiale se necessario per mantenere uno spessore adeguato

Capitolo 3: Scelta delle Colture

Piante resistenti alla siccità: Selezione di verdure e erbe che richiedono poca acqua

In un orto sostenibile, è importante scegliere piante che possano prosperare con poca acqua.

Ecco alcune verdure e erbe aromatiche che sono particolarmente resistenti alla siccità:

1. **Verdure**:

- **Pomodori**: Molte varietà di pomodori, come i ciliegini e i Roma, sono note per la loro resistenza alla siccità. Assicurati di piantarli in un luogo ben drenato e di fornire una pacciamatura adeguata.
- **Peperoni**: I peperoni, sia dolci che piccanti, sono piante robuste che tollerano bene condizioni di scarsa irrigazione. Come i pomodori, beneficiano di una buona pacciamatura.
- **Melanzane**: Le melanzane richiedono poca acqua una volta stabilite e crescono bene in climi caldi e secchi.
- **Zucchine**: Anche se le zucchine richiedono una quantità moderata di acqua, tollerano periodi di siccità grazie al loro sistema di radici profonde.
- **Carote**: Le carote possono crescere bene con irrigazioni sporadiche, purché il terreno sia ben preparato e pacciamato.
- **Patate, Ceci e Legumi**:

2. **Erbe Aromatiche**:

    - **Rosmarino**: Il rosmarino è una delle erbe più resistenti alla siccità. Cresce meglio in terreni ben drenati e soleggiati.
    - **Timo**: Il timo è un'altra erba che prospera in condizioni di scarsa irrigazione. Preferisce terreni leggeri e ben drenati.
    - **Salvia**: La salvia tollera bene la siccità e cresce in quasi tutti i tipi di terreno, purché ben drenato.
    - **Origano**: L'origano è ideale per climi secchi e caldi. Non richiede molta acqua e può prosperare in terreni poveri.
    - **Lavanda**: Oltre ad essere un'ottima pianta ornamentale, la lavanda richiede pochissima acqua e attira gli impollinatori.

Rotazione delle colture: Come evitare l'esaurimento del suolo

La rotazione delle colture è una pratica agricola che consiste nel cambiare le specie di piante coltivate in una determinata area di anno in anno. Questo metodo previene l'esaurimento dei nutrienti nel suolo e riduce l'incidenza di parassiti e malattie specifiche delle piante. Ecco come implementare una rotazione delle colture efficace:

1. **Benefici della Rotazione delle Colture**:

    - **Riduzione dei Parassiti e delle Malattie**: Alternare le colture interrompe il ciclo di vita di molti parassiti e patogeni che colpiscono specifiche piante.
    - **Miglioramento della Fertilità del Suolo**: Diversi tipi di piante hanno esigenze nutrizionali diverse e possono arricchire il terreno con sostanze diverse (ad esempio, le leguminose fissano l'azoto).
    - **Prevenzione dell'Erosione del Suolo**: Colture diverse hanno radici di profondità diversa, il che aiuta a mantenere la struttura del suolo e a prevenire l'erosione.

2. **Pianificazione della Rotazione delle Colture**:

- **Classificazione delle Piante**: Raggruppa le tue colture in categorie come piante a radice, piante da foglia, piante da frutto e leguminose.
- **Ciclo di Rotazione**: Stabilire un ciclo di rotazione di 3-4 anni. Ad esempio:
    - **Anno 1**: Piante da foglia (es. lattuga, spinaci)
    - **Anno 2**: Piante da radice (es. carote, barbabietole)
    - **Anno 3**: Piante da frutto (es. pomodori, peperoni)
    - **Anno 4**: Leguminose (es. fagioli, piselli)
- **Note di Rotazione**: Tieni un diario del giardino per registrare quali colture sono state piantate dove ogni anno, facilitando la pianificazione futura.

3. **Esempio di Rotazione delle Colture**:

    - **Letto 1**:
        - Anno 1: Lattuga e spinaci (foglia)
        - Anno 2: Carote e ravanelli (radice)
        - Anno 3: Pomodori e peperoni (frutto)
        - Anno 4: Fagioli e piselli (leguminose)
    - **Letto 2**:
        - Anno 1: Carote e barbabietole (radice)
        - Anno 2: Pomodori e zucchine (frutto)
        - Anno 3: Fagioli e piselli (leguminose)
        - Anno 4: Lattuga e spinaci (foglia)

4. **Copertura del Suolo tra le Stagioni**:

    - **Colture di Copertura**: Pianta colture di copertura (es. trifoglio, segale) durante le stagioni di riposo per proteggere e arricchire il suolo.
    - **Vantaggi**: Le colture di copertura aiutano a prevenire l'erosione, migliorano la struttura del suolo e aumentano il contenuto di materia organica.

Capitolo 4: Sistemi di Irrigazione a Basso Consumo

Irrigazione a Goccia: Installazione e Vantaggi

Descrizione Generale: L'irrigazione a goccia è un sistema di irrigazione altamente efficiente che fornisce acqua direttamente alle radici delle piante. Questo metodo consente di risparmiare acqua e garantisce che le piante ricevano l'umidità necessaria per una crescita sana. È particolarmente utile in contesti di scarsità d'acqua e cambiamenti climatici, dove l'ottimizzazione delle risorse idriche è cruciale.

Installazione del Sistema di Irrigazione a Goccia

1. Pianificazione e Progettazione:

- **Analisi del Giardino**: Determina la disposizione del tuo orto e identifica le aree che richiedono l'irrigazione a goccia. Considera la tipologia di piante, la loro disposizione e le esigenze idriche.
- **Schema del Sistema**: Disegna uno schema che mostra come il sistema di irrigazione sarà disposto nel tuo orto. Pianifica le linee principali e secondarie, tenendo conto delle distanze tra le piante e i letti di coltivazione.

2. Materiali Necessari:

- **Tubi di Polietilene**: Sono i principali condotti per l'acqua nel sistema. Vengono solitamente utilizzati tubi di diametro maggiore per le linee principali e tubi più piccoli per le diramazioni.
- **Gocciolatori**: Sono i componenti che rilasciano acqua a intervalli regolari. Possono essere regolabili o a flusso fisso.
- **Connettori e Raccordi**: Utilizzati per collegare i tubi e creare curve e giunture nel sistema.
- **Valvole di Regolazione**: Consentono di controllare il flusso d'acqua in diverse sezioni del sistema.

- **Filtro dell'Acqua**: Importante per prevenire l'intasamento dei gocciolatori da parte di detriti.
- **Timer**: Automizza l'irrigazione, garantendo che le piante ricevano acqua regolarmente senza bisogno di intervento manuale.

3. Installazione Passo-Passo:

- **Posizionamento dei Tubi**: Distribuisci i tubi di polietilene lungo i letti di coltivazione seguendo lo schema predefinito. Assicurati che i tubi siano ben fissati al suolo.
- **Installazione dei Gocciolatori**: Pratica fori nei tubi nei punti necessari e inserisci i gocciolatori. Assicurati che ogni pianta riceva la giusta quantità d'acqua.
- **Collegamento del Sistema**: Utilizza connettori e raccordi per creare un sistema continuo. Collega le linee principali alle linee secondarie e ai gocciolatori.
- **Filtro e Timer**: Installa un filtro all'inizio del sistema per prevenire l'intasamento. Collega un timer per automatizzare il processo di irrigazione.
- **Test e Regolazione**: Una volta completata l'installazione, apri l'acqua e verifica che il sistema funzioni correttamente. Regola i gocciolatori e le valvole per assicurarti che tutte le piante ricevano la quantità d'acqua necessaria.

Vantaggi dell'Irrigazione a Goccia

1. Risparmio Idrico:

- **Efficienza**: L'acqua viene fornita direttamente alle radici delle piante, riducendo le perdite per evaporazione e scorrimento superficiale.
- **Uso Ottimizzato**: Il sistema fornisce acqua in modo lento e costante, assicurando che il terreno assorba completamente l'umidità.

2. **Miglioramento della Salute delle Piante**:

- **Distribuzione Uniforme**: Garantisce che ogni pianta riceva la giusta quantità d'acqua, riducendo il rischio di stress idrico.
- **Riduzione delle Malattie**: Poiché l'acqua viene applicata direttamente al suolo, le foglie delle piante rimangono asciutte, riducendo l'incidenza di malattie fungine e batteriche.

3. **Risparmio di Tempo e Manodopera**:

- **Automatizzazione**: Con l'uso di un timer, il sistema può essere programmato per irrigare automaticamente, riducendo la necessità di interventi manuali.
- **Meno Manutenzione**: Una volta installato, richiede meno manutenzione rispetto ai metodi di irrigazione tradizionali.

4. **Conservazione del Suolo**:

- **Erosione Ridotta**: Poiché l'acqua viene applicata lentamente e direttamente al suolo, c'è meno rischio di erosione del terreno.
- **Struttura del Suolo Migliorata**: L'irrigazione a goccia aiuta a mantenere la struttura del suolo intatta, favorendo una migliore aerazione e attività microbiologica.

5. **Flessibilità e Scalabilità**:

- **Adattabilità**: Può essere facilmente adattato a diversi tipi di orto, dalle piccole aiuole ai grandi giardini.
- **Espandibilità**: Il sistema può essere ampliato aggiungendo nuove linee e gocciolatori man mano che l'orto cresce.

Esempi di Applicazione:

- **Orti Urbani**: Ideale per spazi ristretti dove l'acqua è una risorsa preziosa.
- **Serre**: Fornisce un controllo preciso dell'irrigazione, essenziale per le colture in serra.
- **Giardini Domestici**: Un'ottima soluzione per chi desidera ridurre il consumo d'acqua e mantenere un giardino sano.

Implementando un sistema di irrigazione a goccia, puoi non solo risparmiare acqua, ma anche migliorare la salute delle tue piante e ridurre il tempo dedicato all'irrigazione. Questo metodo è una soluzione sostenibile che risponde alle sfide poste dai cambiamenti climatici e dalle risorse idriche limitate.

Uso di acque grigie: Recupero e utilizzo sicuro delle acque domestiche

Le acque grigie sono acque domestiche provenienti da lavandini, docce e lavatrici che possono essere raccolte, trattate e riutilizzate per l'irrigazione delle piante, riducendo così il consumo di acqua potabile.

1. **Recupero delle Acque Grigie**:
   - **Sistemi di Raccolta**: Installa un sistema di drenaggio separato per raccogliere le acque grigie, che possono essere immagazzinate in serbatoi dedicati.
   - **Filtri a Sedimentazione**: Utilizza filtri e sistemi di trattamento per rimuovere contaminanti e sostanze indesiderate, rimuovono particelle di grandi dimensioni e sedimenti dal flusso d'acqua grigia prima di utilizzarle per l'irrigazione.
   - **Filtrazione Biologica**: Utilizza letti di filtrazione composti da materiali biologici per rimuovere contaminanti organici dall'acqua grigia.
   - **Disinfezione**: Utilizza metodi come l'ozonizzazione o l'irraggiamento ultravioletto per ridurre la presenza di patogeni nell'acqua grigia trattata.

2. **Sicurezza e Considerazioni**:

    - **Utilizzo Sicuro**: Le acque grigie sono adatte all'irrigazione di piante ornamentali, frutticole e ortaggi che non vengono consumati crudi.
    - **Evita Piante Sensibili**: Evita di utilizzare acque grigie su piante sensibili al sale o su terreni che potrebbero essere danneggiati da accumuli di sostanze chimiche.

3. **Benefici dell'Uso delle Acque Grigie**:

    - **Risparmio d'acqua potabile**: Riduce la dipendenza dall'acqua potabile per l'irrigazione, soprattutto in periodi di siccità.
    - **Sostenibilità Ambientale**: Contribuisce alla riduzione del consumo di risorse idriche e all'efficienza dell'uso delle risorse.

Raccolta dell'acqua piovana: Metodi per raccogliere e conservare l'acqua

La raccolta dell'acqua piovana è un modo efficace per raccogliere e conservare l'acqua naturale che cade dal cielo per un uso futuro, come l'irrigazione del giardino.

1. **Sistemi di Raccolta dell'Acqua Piovana**:

    - **Tetti e Grondaie**: Installa grondaie e tubi di scolo collegati a serbatoi di raccolta o barili posti sotto le grondaie per raccogliere l'acqua piovana.
    - **Filtri**: Utilizza filtri per rimuovere detriti e impurità dall'acqua piovana prima di immagazzinarla.
    - **Copertura Antipioggia**: Copri i serbatoi di raccolta per evitare la contaminazione da foglie, insetti o altri detriti.

2. **Conservazione dell'Acqua Piovana**: Capacità di Stoccaggio.

- **Serbatoi di Conservazione**: Utilizza serbatoi di plastica o cemento per immagazzinare l'acqua piovana raccolta.
  Serbatoi Sotterranei: Ideali per chi dispone di poco spazio esterno, questi serbatoi offrono una soluzione discreta per la raccolta dell'acqua piovana.

  Serbatoi Elevati: Posizionati su supporti, questi serbatoi utilizzano la gravità per alimentare i sistemi di irrigazione a goccia o per altri usi.

- **Utilizzo e Distribuzione**: Collega il sistema di raccolta dell'acqua piovana a un sistema di irrigazione a goccia o ad altri metodi di irrigazione per utilizzare l'acqua in modo efficace.

3. **Vantaggi della Raccolta dell'Acqua Piovana**:

   - **Risparmio di Acqua Potabile**: Riduce il consumo di acqua potabile utilizzata per l'irrigazione del giardino.
   - **Sostenibilità Ambientale**: Contribuisce alla sostenibilità ambientale riducendo il prelievo di acqua dalle risorse idriche locali.
   - **Costi Ridotti**: Riduce i costi associati all'acquisto di acqua per l'irrigazione, specialmente in regioni con tariffe elevate per l'acqua.

Legalità e Normative

Regolamenti Locali: Verifica le normative locali per assicurarti che la raccolta dell'acqua piovana sia consentita nella tua area e se ci sono restrizioni sul suo uso.

Manutenzione dei Sistemi di Raccolta

1. Pulizia dei Serbatoi

Descrizione Generale: I serbatoi di raccolta dell'acqua piovana o delle acque grigie sono fondamentali per immagazzinare l'acqua che verrà utilizzata per l'irrigazione. La manutenzione regolare di questi serbatoi è essenziale per garantire che l'acqua rimanga pulita e che il sistema funzioni in modo efficiente.

Procedura di Pulizia:

Frequenza: La pulizia dei serbatoi dovrebbe essere effettuata almeno una volta all'anno. Tuttavia, la frequenza può aumentare se si nota un accumulo significativo di detriti o se l'acqua raccolta appare torbida.

Passaggi:

1. **Svuotamento del Serbatoio**:
   - **Preparazione**: Prima di iniziare la pulizia, assicurati di avere un'area adeguata dove scaricare l'acqua residua. Questa acqua può essere utilizzata per l'irrigazione o per altre necessità del giardino.
   - **Svuotamento**: Utilizza le valvole di drenaggio per svuotare completamente il serbatoio.

2. **Rimozione dei Detriti**:
   - **Accesso al Serbatoio**: Apri il coperchio o l'accesso al serbatoio. Se il serbatoio è grande, potrebbe essere necessario entrare fisicamente all'interno.
   - **Detriti Grossolani**: Rimuovi manualmente foglie, rami e altri detriti grossolani che possono essere entrati nel serbatoio.

- **Detriti Fini e Sedimenti**: Utilizza una scopa, una spazzola a manico lungo o un aspiratore per rimuovere i sedimenti che si accumulano sul fondo del serbatoio. Per i sedimenti più ostinati, una soluzione di acqua e aceto o un detergente delicato può essere utile.

3. **Lavaggio delle Pareti e del Fondo**:

    - **Soluzione di Pulizia**: Prepara una soluzione di pulizia composta da acqua e un detergente non tossico. Per un'alternativa ecologica, puoi utilizzare aceto bianco diluito.
    - **Lavaggio**: Con una spazzola o una spugna, lava accuratamente le pareti interne e il fondo del serbatoio. Assicurati di coprire tutte le superfici per rimuovere alghe, muffe e batteri.
    - **Risciacquo**: Risciacqua bene con acqua pulita per rimuovere qualsiasi residuo di detergente.

4. **Controllo delle Guarnizioni e delle Valvole**:

    - **Ispezione**: Controlla le guarnizioni, le valvole e gli accessi per assicurarti che non ci siano perdite o segni di usura.
    - **Sostituzione**: Se trovi parti danneggiate, sostituiscile per garantire l'integrità del serbatoio.

5. **Riempimento del Serbatoio**:

    - **Acqua Pulita**: Una volta completata la pulizia, riempi il serbatoio con acqua pulita e verifica che non ci siano perdite o problemi.

2. Controllo dei Sistemi di Filtraggio

Descrizione Generale: I sistemi di filtraggio sono cruciali per mantenere l'acqua raccolta priva di contaminanti. Filtri puliti e funzionanti assicurano che l'acqua utilizzata per l'irrigazione sia adeguata e sicura per le piante.

Procedura di Manutenzione dei Filtri:

Frequenza: La manutenzione dei filtri dovrebbe essere effettuata almeno ogni 3-6 mesi, ma la frequenza può variare a seconda del tipo di filtro e del volume d'acqua trattato.

Passaggi:

1. **Ispezione Visiva**:
   - **Regolarità**: Controlla visivamente i filtri regolarmente per rilevare eventuali segni di intasamento o usura.
   - **Segnali di Avviso**: Se noti un flusso d'acqua ridotto o acqua torbida, potrebbe essere un segnale che i filtri necessitano di attenzione.

2. **Rimozione del Filtro**:
   - **Preparazione**: Spegni il sistema di pompaggio dell'acqua per evitare pressioni durante la manutenzione.
   - **Rimozione**: Segui le istruzioni del produttore per rimuovere il filtro. Generalmente, questo comporta svitare o sganciare il filtro dal suo alloggiamento.

3. **Pulizia del Filtro**:
   - **Filtro Riutilizzabile**: Se il filtro è riutilizzabile, puliscilo accuratamente con acqua corrente. Per filtri molto sporchi, un bagno in una soluzione di acqua e aceto può aiutare a rimuovere i residui.

- **Filtro Monouso**: Se il filtro è monouso, sostituiscilo con uno nuovo seguendo le specifiche del produttore.

4. **Ispezione dell'Alloggiamento del Filtro**:

    - **Pulizia**: Pulisci anche l'alloggiamento del filtro per rimuovere eventuali detriti accumulati.
    - **Guarnizioni**: Controlla le guarnizioni e gli o-ring per assicurarti che siano in buone condizioni. Sostituiscili se necessario per prevenire perdite.

5. **Reinstallazione del Filtro**:

    - **Montaggio**: Rimonta il filtro seguendo le istruzioni del produttore. Assicurati che sia correttamente alloggiato e che tutte le guarnizioni siano in posizione.
    - **Test**: Riattiva il sistema di pompaggio e verifica che non ci siano perdite e che il flusso d'acqua sia normale.

Vantaggi di una Manutenzione Regolare

1. Longevità del Sistema:

- La manutenzione regolare dei serbatoi e dei filtri prolunga la vita del sistema di raccolta e irrigazione, riducendo la necessità di costose riparazioni o sostituzioni.

2. Efficienza del Sistema:

- Un sistema ben mantenuto funziona in modo più efficiente, assicurando che l'acqua sia distribuita in modo uniforme e senza interruzioni.

3. Salute delle Piante:

- L'acqua pulita e filtrata previene l'accumulo di sostanze nocive che potrebbero danneggiare le piante. Questo contribuisce a un giardino più sano e produttivo.

4. Risparmio Idrico:

- La manutenzione dei filtri e dei serbatoi garantisce che l'acqua raccolta venga utilizzata nel modo più efficace possibile, riducendo gli sprechi e ottimizzando l'uso delle risorse idriche.

5. Sicurezza e Qualità dell'Acqua:

- La pulizia e la manutenzione regolare assicurano che l'acqua raccolta rimanga sicura per l'uso, prevenendo la crescita di alghe, batteri e altri contaminanti.

Implementare una routine di manutenzione regolare per i sistemi di raccolta dell'acqua è fondamentale per garantire un'irrigazione efficiente e sostenibile. Un sistema ben curato non solo risparmia risorse idriche preziose, ma assicura anche la salute e la produttività del tuo orto.

Considerazioni Ambientali e Economiche

1. **Benefici Ambientali**: Riduzione del prelievo da risorse idriche limitate e minore impatto ambientale rispetto all'uso di acqua potabile.

2. **Costi e Risparmi**: Calcola il ritorno sull'investimento a lungo termine dei sistemi di raccolta dell'acqua piovana e dei sistemi di irrigazione a goccia, considerando sia i costi iniziali che i risparmi a lungo termine sulla bolletta dell'acqua.

Capitolo 5: Tecniche di Coltivazione Sostenibile

Coltivazione mista e consociazioni: Piante che si aiutano a vicenda

La coltivazione mista, nota anche come consociazione o coltura compagna, è una tecnica agricola che consiste nel coltivare diverse specie di piante in prossimità l'una dell'altra. Questa pratica si basa sull'interazione benefica tra le piante, che possono aiutarsi a vicenda a crescere meglio, ridurre i problemi di parassiti e malattie, migliorare la fertilità del suolo e utilizzare le risorse in modo più efficiente.

1. **Principi della Coltivazione Mista: Diversificazione**

   Descrizione: Coltivare una varietà di specie vegetali insieme promuove la biodiversità e crea un ecosistema più equilibrato e resiliente nell'orto.

   Benefici:
   - **Prevenzione delle Malattie**: Le malattie specifiche delle piante si diffondono più lentamente in un sistema diversificato. Se una pianta è colpita, le altre specie circostanti possono rimanere inalterate, riducendo l'impatto complessivo.
   - **Riduzione dei Parassiti e repellenza degli Insetti**: Diversificare le colture confonde i parassiti, rendendo più difficile per loro trovare e attaccare le piante ospiti, Alcune piante aromatiche, come la menta o il prezzemolo, possono respingere gli insetti dannosi per altre colture..
   - **Salute del Suolo**: Diversi tipi di piante hanno radici che estraggono e rilasciano diversi nutrienti, migliorando la struttura e la fertilità del suolo.

- **Utilizzo Complementare dello Spazio**: Piante con diversi requisiti di radicamento e di crescita possono essere coltivate nello stesso letto, sfruttando efficacemente l'intero spazio disponibile.
- **Fissazione dell'Azoto**: Le leguminose come i fagioli e i piselli possono arricchire il terreno di azoto, favorendo la crescita di altre piante circostanti.

2. **Esempi di Consociazioni Benefiche**:

Mais, Fagioli e Zucche

Descrizione: Questa combinazione di colture è ispirata alla tradizionale pratica agricola dei nativi americani chiamata "Le Tre Sorelle". Ogni pianta ha un ruolo specifico che supporta le altre due, creando un sistema equilibrato e autosufficiente.

- **Mais (Zea mays)**:
  - **Funzione**: Fornisce un supporto verticale naturale per i fagioli rampicanti, eliminando la necessità di tutori aggiuntivi.
  - **Benefici**: Aiuta a migliorare la struttura del suolo grazie alle sue radici profonde che aumentano l'aerazione e la permeabilità.
- **Fagioli (Phaseolus spp.)**:
  - **Funzione**: Fissano l'azoto atmosferico nel suolo attraverso le radici nodulate, arricchendo il terreno con nutrienti essenziali.
  - **Benefici**: Migliorano la fertilità del suolo, beneficiando non solo il mais e le zucche, ma anche le colture successive.
- **Zucche / Zucchine (Cucurbita spp.)**:
  - **Funzione**: Coprono il terreno con le loro ampie foglie, creando un microclima umido e fresco che riduce la crescita delle erbacce e conserva l'umidità del suolo.

- **Benefici**: Forniscono una copertura del suolo che aiuta a prevenire l'erosione e a mantenere una temperatura stabile, favorevole alla crescita di tutte le piante coinvolte.

Vantaggi Combinati:

- Utilizzo efficiente dello spazio verticale e orizzontale.
- Miglioramento della fertilità del suolo senza l'uso di fertilizzanti chimici.
- Controllo naturale delle infestanti grazie all'ombreggiatura fornita dalle zucche.

Pomodori e Basilico

Descrizione: La combinazione di pomodori e basilico è una delle più popolari e praticate negli orti domestici, grazie ai molteplici benefici che queste piante apportano l'una all'altra.

- **Pomodori (Solanum lycopersicum)**:
    - **Funzione**: Crescono bene accanto al basilico, beneficiando della protezione naturale contro i parassiti offerta da quest'ultimo.
    - **Benefici**: Producono frutti nutrienti e saporiti, la cui qualità può essere migliorata dalla presenza del basilico.
- **Basilico (Ocimum basilicum)**:
    - **Funzione**: Agisce come repellente naturale per afidi, mosche bianche e altri parassiti comuni dei pomodori.
    - **Benefici**: Si crede che il basilico migliori il sapore dei pomodori grazie alle sue sostanze aromatiche, che possono anche contribuire a rafforzare le difese naturali della pianta.

Vantaggi Combinati:

- Miglioramento della salute delle piante di pomodoro grazie alla protezione contro i parassiti.
- Potenziamento del sapore dei frutti di pomodoro.
- Creazione di un microclima favorevole che promuove la crescita vigorosa di entrambe le piante.

Lattuga e Carote

Descrizione: Questa combinazione sfrutta le diverse velocità di crescita e i bisogni di spazio delle due colture per creare un orto più efficiente e produttivo.

- **Lattuga (Lactuca sativa)**:
  - **Funzione**: Cresce rapidamente, fornendo una copertura ombreggiante che protegge le carote dalla luce solare diretta eccessiva.
  - **Benefici**: La sua rapida crescita e raccolta lasciano spazio alle carote per svilupparsi pienamente senza competizione per le risorse.
- **Carote (Daucus carota)**:
  - **Funzione**: Beneficiano dell'ombreggiatura iniziale fornita dalla lattuga, che aiuta a mantenere il suolo fresco e umido durante la germinazione e le prime fasi di crescita.
  - **Benefici**: Dopo la raccolta della lattuga, le carote hanno spazio sufficiente per sviluppare radici lunghe e diritte.

Vantaggi Combinati:

- Utilizzo ottimale dello spazio temporale e fisico nel giardino.
- Miglioramento delle condizioni del suolo grazie all'ombreggiatura temporanea fornita dalla lattuga.

- Riduzione della competizione per le risorse, garantendo una crescita sana e vigorosa per entrambe le colture.

Questi esempi di consociazioni benefiche illustrano come la pianificazione attenta e l'uso di strategie di coltivazione naturale possano migliorare la produttività, la salute delle piante e la sostenibilità generale del tuo orto domestico. Sperimentare con diverse combinazioni ti permetterà di scoprire quali piante lavorano meglio insieme nel tuo specifico ambiente di coltivazione.

Orto Verticale: Massimizzare lo Spazio Coltivando in Verticale

L'orto verticale è una soluzione innovativa e pratica per chi desidera coltivare piante in spazi limitati. Questa tecnica sfrutta strutture verticali per la coltivazione, permettendo di massimizzare l'uso dello spazio disponibile e di creare un giardino rigoglioso anche in aree ridotte come balconi, terrazze e piccoli cortili.

Tipologie di Orti Verticali

Pareti Verdi, Torre di Piante, Pallet da Giardino, Tralicci e Griglie, Tubi di PVC.

1. **Pareti Verdi**:
    - **Descrizione**: Questi sistemi utilizzano pannelli montati su una parete verticale dove sono inserite le piante. Possono essere semplici tasche di tessuto o strutture più elaborate con sistemi di irrigazione integrati.
    - **Materiali**: Tessuto non tessuto, plastica riciclata, metallo.
    - **Piante Ideali**: Erbe aromatiche, insalate, fiori ornamentali.

2. **Torre di Piante**:
   - **Descrizione**: Strutture cilindriche o a spirale che permettono di coltivare piante su più livelli. Sono ideali per coltivare ortaggi e piccoli frutti.
   - **Materiali**: Plastica, metallo, legno.
   - **Piante Ideali**: Fragole, lattuga, erbe aromatiche, pomodori ciliegini.

3. **Pallet da Giardino**:
   - **Descrizione**: Vecchi pallet di legno vengono riutilizzati per creare un giardino verticale. Le piante sono coltivate nelle fessure tra le assi di legno.
   - **Materiali**: Pallet di legno, tessuto paesaggistico, chiodi.
   - **Piante Ideali**: Piante a bassa crescita come erbe aromatiche, insalate e fiori.

4. **Tralicci e Griglie**:
   - **Descrizione**: Strutture a griglia o traliccio su cui possono arrampicarsi le piante rampicanti. Questi possono essere fissati a pareti o liberi.
   - **Materiali**: Metallo, plastica, legno.
   - **Piante Ideali**: Pomodori, piselli, fagioli rampicanti, cetrioli.

5. **Tubi di PVC**:
   - **Descrizione**: Tubi di PVC forati sono disposti verticalmente e riempiti di terriccio per coltivare piante in ogni foro.
   - **Materiali**: Tubi di PVC, terriccio, supporti.
   - **Piante Ideali**: Fragole, insalate, erbe aromatiche.

Strutture per Orti Verticali

1. **Moduli Prefabbricati**:

    - **Descrizione**: Sistemi modulari prefabbricati progettati per essere montati facilmente. Possono includere sistemi di irrigazione automatici.
    - **Vantaggi**: Facili da installare, duraturi, spesso esteticamente gradevoli.

2. **Strutture Fai-da-Te**:

    - **Descrizione**: Costruzioni artigianali realizzate con materiali riciclati o facilmente reperibili. Possono essere personalizzate in base alle esigenze specifiche.
    - **Vantaggi**: Economiche, personalizzabili, possibilità di riutilizzare materiali.

Fai da Te: Come Creare un Orto Verticale

1. **Materiali Necessari**:

    - Pallet di legno o tubi di PVC.
    - Terriccio di buona qualità.
    - Tessuto paesaggistico o teli plastici.
    - Chiodi, viti, martello, trapano.

2. **Passaggi per un Pallet da Giardino**:

    - **Preparazione**: Pulire e levigare il pallet di legno.
    - **Rivestimento**: Foderare il retro e i lati del pallet con tessuto paesaggistico per mantenere il terriccio in posizione.
    - **Riempimento**: Riempire le fessure con terriccio.

- **Semina**: Piantare le erbe o le piante desiderate nelle fessure.
- **Montaggio**: Fissare il pallet in posizione verticale su una parete o lasciarlo appoggiato contro un muro.

3. **Passaggi per un Tubo di PVC Verticale**:

    - **Preparazione**: Tagliare il tubo di PVC alla lunghezza desiderata e praticare fori per le piante.
    - **Supporto**: Fissare il tubo in posizione verticale usando supporti robusti.
    - **Riempimento**: Riempire il tubo con terriccio.
    - **Semina**: Piantare le piantine nei fori praticati.
    - **Irrigazione**: Installare un sistema di irrigazione a goccia o annaffiare manualmente.

Vantaggi degli Orti Verticali

1. **Massimizzazione dello Spazio**:

    - Permette di coltivare un numero maggiore di piante in aree limitate.
    - Ideale per balconi, terrazze e piccoli giardini.

2. **Facilità di Accesso**:

    - Piante a portata di mano per la raccolta e la manutenzione.
    - Riduce la necessità di piegarsi, rendendo l'orto accessibile a persone con mobilità ridotta.

3. **Migliore Controllo delle Condizioni di Crescita**:

    - Facilita la gestione dell'irrigazione e della fertilizzazione.
    - Riduce il rischio di malattie trasmesse dal suolo.

4. **Estetica e Bellezza**:

    - Aggiunge un elemento decorativo al tuo spazio esterno.
    - Può migliorare l'aspetto di pareti e recinzioni.

5. **Ambiente Salutare**:

    - Migliora la qualità dell'aria circostante aumentando la vegetazione.
    - Contribuisce alla biodiversità urbana offrendo habitat per insetti utili e altri organismi

Uso di serre e teli ombreggianti: Proteggere le piante e conservare l'umidità

Le serre e i teli ombreggianti sono strumenti essenziali per proteggere le piante dalle condizioni meteorologiche avverse e per creare un microclima controllato per la crescita ottimale delle colture.

1. **Serre**:

- **Tipologie di Serre**: Esistono diverse tipologie di serre, dalle strutture fisse alle serre mobili o trasportabili, ciascuna con vantaggi specifici in termini di controllo ambientale.

- **Benefici delle Serre**: Proteggono le piante da gelo, grandine, vento eccessivo e pioggia intensa, creando un ambiente caldo e umido ideale per la crescita delle colture.

- **Ventilazione e Controllo Climatico**: È importante garantire una buona ventilazione all'interno delle serre per evitare problemi di umidità e malattie fungine. L'uso di finestre automatiche o sistemi di ventilazione può essere vantaggioso.

2. **Teli Ombreggianti**:

    - **Utilizzo dei Teli**: I teli ombreggianti riducono l'intensità della luce solare diretta e proteggono le piante dal surriscaldamento durante le giornate più calde dell'estate.

    - **Materiali dei Teli**: Scegli teli ombreggianti fatti di materiali traspiranti che riducono il calore senza compromettere il flusso d'aria e la ventilazione delle piante sottostanti.

    - **Installazione e Manutenzione**: Assicurati che i teli siano installati saldamente e controlla periodicamente per eventuali danni o necessità di sostituzione.

Considerazioni Economiche e Ambientali

1. **Costi e Risparmi**: Calcola il ritorno sull'investimento dei sistemi di orto verticale, serre e teli ombreggianti considerando sia i costi iniziali che i risparmi a lungo termine sulla manutenzione delle piante e l'uso delle risorse.

2. **Sostenibilità Ambientale**: Utilizzare queste tecniche non solo ottimizza l'uso dello spazio e delle risorse, ma contribuisce anche alla riduzione dell'impronta ecologica e alla sostenibilità generale dell'orto.

Capitolo 6: Manutenzione dell'Orto

Monitoraggio delle piante: Come capire se le piante hanno bisogno di acqua

Il monitoraggio delle piante per determinare quando e quanto annaffiare è fondamentale per mantenere la salute delle colture e ottimizzare l'uso delle risorse idriche.

1. **Metodi di Monitoraggio**:
   - **Controllo del Suolo**: Prima di annaffiare, controlla la umidità del terreno. Puoi farlo semplicemente inserendo un dito o un bastoncino di legno nel terreno fino a circa 5 cm di profondità. Se il terreno è ancora umido, le piante non hanno bisogno di acqua.
   - **Tensiometri**: Strumenti che misurano la tensione dell'acqua nel terreno, consentendo di determinare quando è necessario irrigare.
   - **Sensori di Umidità del Suolo**: Dispositivi elettronici che monitorano costantemente l'umidità del terreno e forniscono dati in tempo reale attraverso apposite applicazioni o dispositivi di controllo.

2. **Considerazioni**:
   - **Esigenze Specifiche delle Piante**: Ogni tipo di pianta ha esigenze idriche diverse. Assicurati di conoscere le esigenze specifiche delle tue colture per evitare sia l'eccesso che la carenza di acqua.
   - **Osservazione delle Piante**: Oltre al terreno, osserva le piante stesse per segni di stress idrico, come foglie appassite o appassimento generale. Questi segnali indicano che le piante necessitano di acqua.

Controllo delle infestanti: Metodi naturali per gestire le erbacce

Il controllo delle erbacce è cruciale per garantire che le piante coltivate possano crescere senza competizione eccessiva per risorse come acqua, luce e nutrienti.

1. **Metodi Naturali di Controllo delle Erbacce**:

- **Pacciamatura**: Coprire il terreno intorno alle piante con materiali come paglia, foglie o segatura riduce la crescita delle erbacce, trattiene l'umidità del suolo e migliora la salute del suolo.

- **Erbe Aromatiche Come Repellenti**: Piante come la menta o il timo possono essere coltivate intorno alle colture principali per respingere le erbacce grazie al loro odore pungente.

- **Coltivazione Intercalare**: Intercala colture dense e ben coltivate per ridurre lo spazio disponibile per le erbacce. Ad esempio, le colture copiose come la lattuga o le carote possono essere piantate vicine per coprire rapidamente il terreno.

2. **Pratiche da Evitare**:

    - **Aratura Eccessiva**: L'aratura profonda può portare alla germinazione di nuove erbacce. Preferisci tecniche di coltivazione senza aratura o minimizza l'aratura del terreno.

    - **Utilizzo di Erbicidi Chimici**: Evita l'uso di erbicidi chimici che possono contaminare il suolo e l'ambiente circostante. Opta per metodi naturali che non danneggino l'ecosistema dell'orto.

Gestione dei parassiti: Soluzioni eco-friendly per proteggere il tuo orto

Il controllo dei parassiti utilizzando soluzioni eco-friendly è cruciale per mantenere l'equilibrio ecologico dell'orto senza compromettere la salute delle piante o l'ambiente.

1. **Prevenzione**:

- **Rotazione delle colture**: Pratica la rotazione delle colture per ridurre il rischio di infestazioni da parte di parassiti specifici delle piante.

- **Mantenimento della Salute delle Piante**: Piante sane e robuste sono meno suscettibili agli attacchi dei parassiti. Fornisci le giuste condizioni di crescita e nutrizione per migliorare la resistenza delle piante.

- **Aumento della Biodiversità**: Promuovi la presenza di predatori naturali dei parassiti, come insetti predatori o uccelli, attraverso la conservazione della biodiversità nell'area circostante.

2. **Controllo Naturale dei Parassiti**:

    - **Insetti Benefici**: Introduce insetti benefici come coccinelle o crisopeidi che si nutrono di parassiti delle piante, aiutando a controllare le popolazioni di insetti dannosi.

    - **Esclusione Fisica**: Usa barriere fisiche come reti o coperture per proteggere le piante da insetti volanti o uccelli che possono danneggiarle.

3. **Rimedi Naturali**:

    - **Decotti di Piante**: Prepara decotti di piante come aglio, peperoncino o ortica che hanno proprietà repellenti per alcuni parassiti.

    - **Oli Essenziali**: Alcuni oli essenziali come il neem possono essere utilizzati per controllare parassiti senza danneggiare l'ambiente circostante.

Capitolo 7: Raccolta e Conservazione

Quando e come raccogliere: Tempi di raccolta per ogni tipo di pianta

La raccolta delle colture al momento giusto è fondamentale per garantire il massimo sapore, valore nutrizionale e durata di conservazione dei prodotti orticoli. I tempi di raccolta variano a seconda della specie vegetale e del tipo di frutto o verdura.

1. **Indicazioni Generali**:

    - **Osservazione delle Caratteristiche**: Ogni pianta ha segni specifici che indicano la sua maturità. Ad esempio, i pomodori dovrebbero svilupparsi pienamente e assumere un colore rosso brillante, mentre le carote dovrebbero avere una dimensione adeguata e un colore uniforme.

    - **Periodo di Raccolta Ottimale**: Consulta le informazioni specifiche per ogni coltura riguardo al periodo di maturazione ottimale. Questo può variare dalla durata delle stagioni, dal clima locale e dalle varietà coltivate.

    - **Raccolta Frequente**: Raccogli regolarmente per evitare che i frutti e le verdure raggiungano una sovrariproduzione, che potrebbe influire sulla qualità e sulla durata di conservazione.

2. **Esempi di Tempi di Raccolta**:

    - **Verdure a Foglia (Lattuga, Spinaci)**: Raccogliere le foglie esterne appena raggiungono la dimensione desiderata, permettendo alle foglie interne di crescere.

    - **Frutta a Polpa (Pomodori, Meloni)**: Raccogliere quando il frutto è maturo e mostra un colore uniforme e una consistenza appropriata per la varietà.

- **Radici (Carote, Patate)**: Raccogliere quando le radici hanno raggiunto una dimensione sufficiente per la varietà, evitando che diventino troppo grandi e fibrose.

Conservazione delle verdure: Metodi per prolungare la freschezza dei prodotti

Per preservare la freschezza e prolungare la conservazione delle verdure appena raccolte, è importante utilizzare metodi adeguati di conservazione che minimizzino la perdita di nutrienti e mantengano il sapore e la qualità.

1. **Condizioni di Conservazione Ideali**:

   - **Temperatura e Umidità**: Conserva le verdure in luoghi freschi e asciutti. Alcune verdure, come le foglie verdi, possono beneficiare di un ambiente più umido per mantenere la croccantezza.

   - **Separazione e Imballaggio**: Conserva le verdure in contenitori o sacchetti perforati per permettere la circolazione dell'aria e prevenire la formazione di umidità eccessiva che può causare marciume.

   - **Luce**: Conserva le verdure in luoghi bui o con poca luce per rallentare il processo di maturazione e preservare la freschezza.

2. **Metodi di Conservazione**:

   - **Refrigerazione**: La maggior parte delle verdure fresche beneficia della conservazione in frigorifero, dove le temperature fresche rallentano la decomposizione.

   - **Congelamento**: Congela verdure come piselli, fagiolini e spinaci bianchendoli brevemente prima per preservare la qualità e la freschezza.

   - **Essiccazione**: Per verdure come peperoni, pomodori e erbe aromatiche, l'essiccazione riduce l'umidità e prolunga la conservazione per mesi.

- **Sottaceto o Sottolio**: Sottaceti o sottoli permettono di conservare verdure come cetrioli, carote e peperoni in un mix di aceto, olio e spezie.

3. **Considerazioni Supplementari**:

    - **Etichettatura e Data di Conservazione**: Etichetta accuratamente i contenitori o i sacchetti con il tipo di verdura e la data di conservazione per tenere traccia della freschezza.

    - **Rotazione delle Scorte**: Consuma prima le verdure più vecchie per evitare sprechi e garantire che le verdure fresche siano utilizzate quando sono ancora nel loro apice.

Appendice

Risorse utili: Libri, siti web e comunità online

Le risorse utili offrono un supporto prezioso per chi desidera approfondire le conoscenze sull'orticoltura, accedere a informazioni aggiornate e connettersi con altri appassionati e esperti del settore.

1. **Libri Consigliati**:

    - ORTO SINERGICO di Emilia Hazelip: Approfondimento sulla coltivazione sinergica e la biodiversità nell'orto.

    - GUIDA PRATICA ALL'ORTO BIOLOGICO di Maria Teresa Pizzetti: Manuale pratico su come coltivare ortaggi biologici.

    - L'ORTO IN TERRAZZA di Amedeo Sbrogiò: Focus sull'orticoltura urbana e le soluzioni per terrazzi e balconi.

2. **Siti Web e Piattaforme Online**:
   - **OrtoBotanico**: Risorsa online con articoli, guide e forum dedicati all'orticoltura.
   - **Giardinaggio.it**: Community italiana di giardinaggio con sezioni dedicate all'orto e alla coltivazione.
   - **Agraria.org**: Portale con informazioni agricole e orticole, aggiornamenti sulle tecniche di coltivazione e notizie del settore.

3. **Comunità Online**:
   - **Gruppi Facebook**: Partecipa a gruppi di orticoltura su Facebook dove puoi condividere esperienze, chiedere consigli e ottenere supporto dagli altri membri.
   - **Reddit**: Subreddit come r/gardening offrono spazi di discussione sull'orticoltura, con consigli pratici e idee innovative.

Glossario: Termini tecnici spiegati in modo semplice

Il glossario fornisce una raccolta di termini tecnici utilizzati nell'orticoltura, spiegati in modo chiaro e accessibile per facilitare la comprensione e l'apprendimento.

- **Fertilizzante Organico**: Materiale naturale ricco di nutrienti utilizzato per migliorare la fertilità del suolo e la crescita delle piante, come compost o letame.
- **Pacciamatura**: Pratica di copertura del suolo con materiali come paglia, foglie o segatura per ridurre la crescita delle erbacce e mantenere l'umidità.
- **Rotazione delle colture**: Tecnica agricola di alternare le colture su un terreno per prevenire l'esaurimento del suolo e ridurre il rischio di malattie e parassiti.

- **Irrigazione a goccia**: Sistema di irrigazione che fornisce acqua direttamente alle radici delle piante, riducendo lo spreco e ottimizzando l'uso dell'acqua.

- **Serra**: Struttura trasparente che crea un ambiente controllato per la coltivazione delle piante, proteggendole da condizioni meteorologiche avverse.

Note: Ulteriori suggerimenti e trucchi

Le note forniscono suggerimenti pratici e trucchi per migliorare le tecniche di coltivazione e ottimizzare l'esperienza di gestione dell'orto.

- **Suggerimenti per il Successo**: Mantieni un diario di giardinaggio per registrare le tue esperienze e i risultati ottenuti con diverse tecniche.

- **Sfrutta le Sinergie tra Piante**: Pratica la coltivazione mista per sfruttare le interazioni benefiche tra le piante e ridurre il rischio di malattie.

- **Monitora Costantemente**: Osserva regolarmente le tue piante per identificare tempestivamente segni di malattie o carenze nutritive.

- **Apprendi dalle Esperienze Altrui**: Partecipa a eventi locali di giardinaggio, workshop o visite ad orti comunitari per condividere conoscenze e tecniche con altri appassionati.

Conclusione

Riflessioni finali: L'importanza di un approccio sostenibile e l'impatto positivo di un orto domestico

La creazione e la cura di un orto domestico non sono solo attività che soddisfano il desiderio di coltivare cibo fresco e sano, ma rappresentano anche un contributo significativo alla sostenibilità ambientale e al benessere personale. Riflettendo sull'importanza di un approccio sostenibile e sull'impatto positivo di un orto domestico, emergono diversi aspetti chiave.

1. Sostenibilità Ambientale:

L'orticoltura domestica, quando praticata in modo sostenibile, promuove la conservazione delle risorse naturali e la riduzione dell'impronta ecologica. Utilizzando tecniche come l'irrigazione a basso consumo, il compostaggio e la coltivazione mista, è possibile ridurre il consumo di acqua, limitare l'uso di fertilizzanti chimici e migliorare la salute del suolo. Queste pratiche non solo preservano l'ambiente locale, ma contribuiscono anche alla mitigazione dei cambiamenti climatici.

2. Salute e Benessere Personale:

Coltivare il proprio cibo offre numerosi benefici per la salute individuale e il benessere psicologico. Le verdure fresche raccolte dall'orto sono ricche di nutrienti essenziali e privi di residui di pesticidi, migliorando la qualità della nostra alimentazione e supportando uno stile di vita sano. Inoltre, il contatto con la natura e il lavoro fisico coinvolto nell'orticoltura sono noti per ridurre lo stress, migliorare l'umore e favorire un senso di realizzazione personale.

3. Educazione e Comunità:

L'orto domestico è anche un'opportunità educativa preziosa per insegnare ai membri della famiglia, soprattutto ai bambini, i principi della sostenibilità, della responsabilità ambientale e della gestione delle risorse. Inoltre, la condivisione di esperienze e la partecipazione a comunità di giardinaggio locali amplificano l'impatto positivo, creando legami sociali e rafforzando il senso di appartenenza alla comunità.

4. **Sfida e Gratificazione**:

Gestire un orto domestico può essere una sfida, ma è anche incredibilmente gratificante. Dal seminare i semi al vedere le piante crescere e produrre frutti, ogni fase del processo offre l'opportunità di apprendere, adattarsi e apprezzare la bellezza del ciclo di vita delle piante.

In definitiva, un orto domestico non è solo un luogo di produzione alimentare, ma anche un simbolo di impegno verso uno stile di vita sostenibile e responsabile. Ogni gesto, grande o piccolo, compiuto per coltivare e preservare un orto domestico contribuisce a creare un impatto positivo sul nostro ambiente e nella nostra vita quotidiana.

Rimanendo consapevoli delle nostre azioni e continuando a educarci sulle pratiche agricole sostenibili, possiamo coltivare non solo piante, ma anche un futuro più verde e prospero per le generazioni a venire.

Che il tuo orto domestico sia un rifugio di gioia, nutrimento e connessione con la natura!

BUONA REALIZZAZIONE.

www.ingramcontent.com/pod-product-compliance
Lightning Source LLC
Chambersburg PA
CBHW030515220526
45464CB00006B/2805